极端环境中的非凡生命

[英] 瓦西里基·佐玛卡 著

马楠 译

穿越沙漠

中国友谊出版公司

目 录

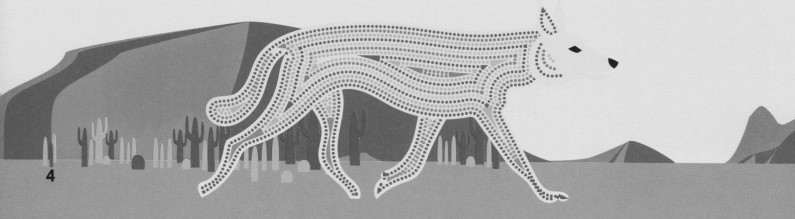

什么是沙漠

沙漠是荒漠的一种

荒漠是一大片气候干旱、降水稀少、植被稀疏低矮、土地贫瘠的区域。荒漠按热量条件，可以分为热荒漠和冻荒漠。这本书除了带大家参观地球家园中的部分热荒漠和冻荒漠，还要去参观比较特殊的滨海荒漠；荒漠按地貌形态和地表组成物质，可以分为岩漠、砾漠、沙漠、泥漠、盐漠等，其中沙漠分布最广，其次是砾漠（也就是戈壁）。为了便于理解，除了这个对页，本书中我们将荒漠统称为沙漠。

水对所有生命来说都是必不可少的，而生活在荒漠中的动物和植物必须适应恶劣、干燥的环境。在不断的演化发展中，动植物自身的机体和生活方式能让它们在极度缺水、炎热或寒冷的环境中生存下来。

热荒漠

热荒漠位于赤道附近，那是地球上接受日照较多的地方。白天，赤道附近的气温非常高，甚至可达50℃；到了夜晚，随着热量的散失，气温会快速下降，有时会降到0℃以下。生活在热荒漠中的野生动物必须得适应极大的气温变化。

欧洲

亚洲

大西洋

撒哈拉沙漠

阿拉伯沙漠

塔尔沙漠

非洲

印度洋

纳米布沙漠 —

卡拉哈迪沙漠

滨海荒漠

滨海荒漠位于陆地与海洋的交界处。来自海洋的冷空气被吹到陆地，形成雾。雾中包含着微小的水滴，这几乎是滨海荒漠唯一能够获取的水源。为了避免雾在阳光的照射下蒸发，生活在那里的动植物们找到了很多收集雾水的方法。

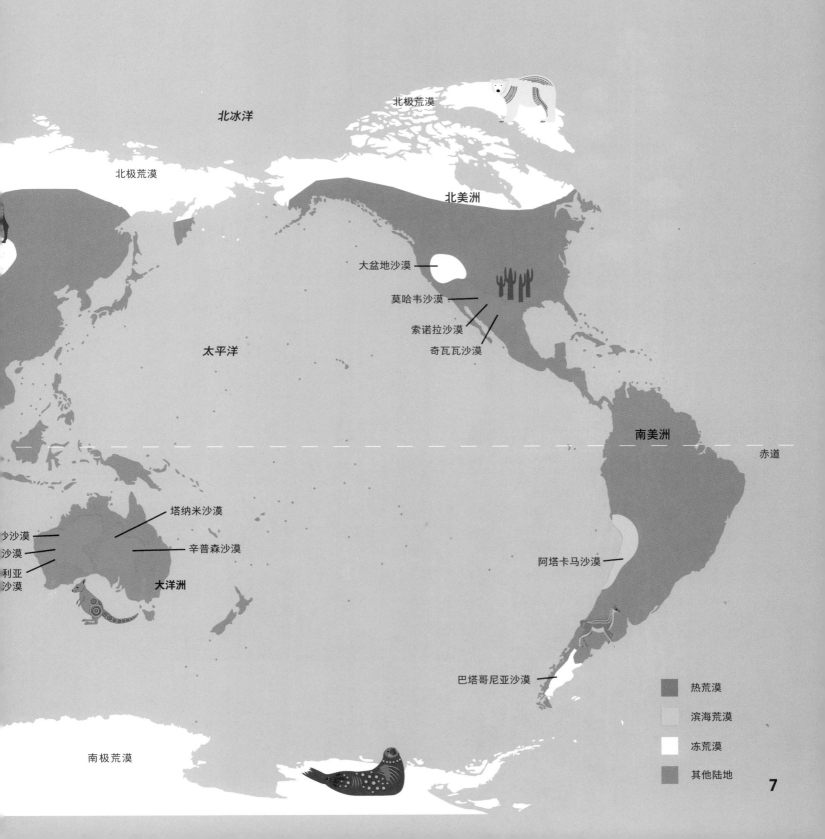

冻荒漠

冻荒漠位于靠近北极和南极的地区。在极圈内的地区，越靠近极点，极夜的时间越长，最长可达6个月。越靠近极点的荒漠，气温越低，空气中的水分会很快冻结，形成雪或者冰。有的动物在冬季来临前，会迁徙到更温暖的地方；选择留下来的动物，则必须有能力在严寒的冬季存活下来，扛到夏天来临。

北极荒漠

北冰洋

北极荒漠

北美洲

大盆地沙漠

莫哈韦沙漠

索诺拉沙漠

奇瓦瓦沙漠

太平洋

南美洲

赤道

塔纳米沙漠

少沙漠

沙漠

利亚

沙漠

辛普森沙漠

阿塔卡马沙漠

大洋洲

巴塔哥尼亚沙漠

南极荒漠

热荒漠

滨海荒漠

冻荒漠

其他陆地

7

根系和雨水

沙漠植物是如何活下来的？

在获取和储存水分方面，沙漠植物绝对是专家。它们有的把主根扎得很深，有的把侧根铺得很广，以尽可能多地获取水分；它们有的把水储存在叶片中，有的储存在茎内。对于生活在沙漠中的动物而言，植物是它们的重要水源。

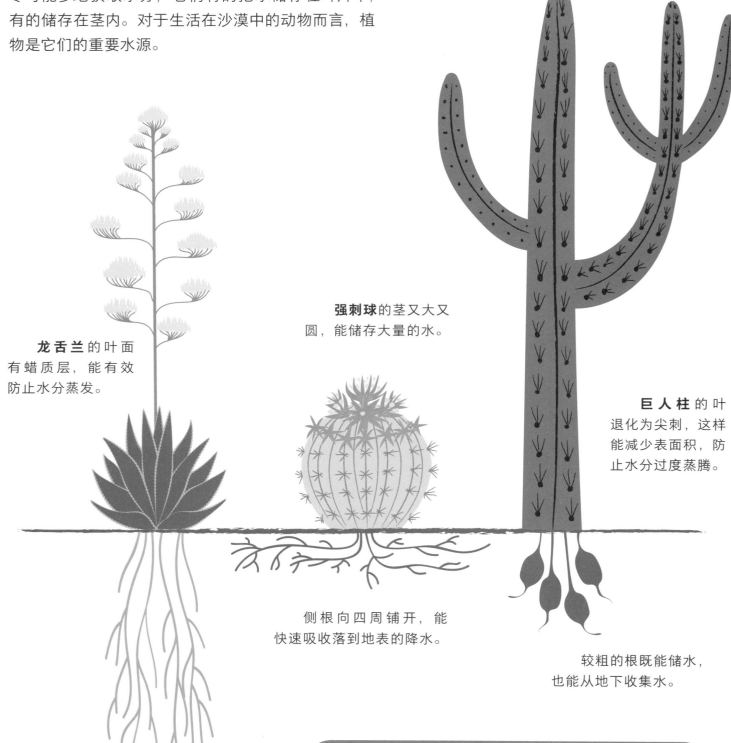

龙舌兰的叶面有蜡质层，能有效防止水分蒸发。

强刺球的茎又大又圆，能储存大量的水。

巨人柱的叶退化为尖刺，这样能减少表面积，防止水分过度蒸腾。

侧根向四周铺开，能快速吸收落到地表的降水。

较粗的根既能储水，也能从地下收集水。

沙漠中的地下水水位低，根扎得深，才能吸收到水分。

需要多少水才能活下来？

水是生命之源，人类每天需要饮用 1~2 升水。相比之下，仙人掌在没有水的情况下可以存活 1 年以上。

荒漠有多么干燥？

从大气中降落的雨、雪、冰雹等统称为降水，降雨是降水的主要形式。如果一个地方的年降水量少于 250 毫米，那么它就干燥得足以被称为沙漠了。我们之所以知道这一点，是因为几百年来，世界各地的科学家对每个地区的降水量进行了测量。为了做到这一点，他们需要使用量雨器，这是一种用于收集和测量雨水的设备。

1 毫米降水量是多少？

1 毫米降水量是指有 1 升水落在了 1 平方米的土地上。这就是整个沙漠每两天的降水量。这还不够一个人的饮用水量，更不用说用水洗澡了！所以，沙漠中的野生动物必须以巧妙的方式适应环境才能生存下来。

世界各地的降水量

由于沙漠通常十分广袤，所以整片沙漠的不同地区，降水量各不相同。例如，撒哈拉沙漠的某些地区年降水量不足 12 毫米，而另一些区域可能高达 250 毫米。如此一来，总平均值约为 125 毫米。美国城市西雅图的年平均降水量约为 940 毫米，大概是撒哈拉沙漠的 7.5 倍。

纽约，美国
1100 毫米

西雅图，美国
940 毫米

伦敦，英国
600 毫米

雅典，希腊
387毫米

奇瓦瓦沙漠，北美洲
235 毫米

撒哈拉沙漠，非洲
125 毫米

南极洲
55 毫米

部分地区的年降水量

南极地区
冰冻的暖季

南极地区主要位于南极圈以南，包括南极洲和周边海域。这里被称为地球上的"白色荒漠"，年平均降水量为 55 毫米，降水量最少的区域不足 5 毫米。南极洲的大部分地方覆盖着很厚的冰层，寒季时气温可降至 −80℃。在暖季，长时间的日照会让一些积雪融化，那些已经适应了在寒冷环境中生存的动物，就会迁徙回南极大陆沿海一带。

雪鹱（hù）也被称为雪海燕，主要生活在南极洲有浮冰的区域。

帽带企鹅有时会在暖季造访南极地区。

到了暖季，会有数千只**阿德利企鹅**赶来产卵。它们用石块沿着冰雪已经融化的海岸垒窝。

帝企鹅是体形最大的企鹅，成年帝企鹅体长在 110 厘米左右。

北极燕鸥在南极度过
半年的时间，再到北极度
过另外半年，所以它们总
是生活在温暖的气候中。

南极贼鸥是一种
因从其他海鸟口中抢
夺食物而著名的大型
海鸟。它们就像是海
鸟中的海盗。

所有海鸟中，**漂泊信天翁**的翼
展最长。漂泊信天翁能喝海水，身
体能排出多余的盐分，这意味着它
们可以持续往前飞行，而不必转到
陆地寻找淡水。

韦德尔氏海豹是潜水高手，能在水
下停留超过 1 小时。它们藏在水下，等
待鱼儿游过时将其捕获。它们如果想要
钻出水面，就用坚硬的牙齿在冰上凿出
一个洞。

南极蠓是终年生活在南
极大陆上的生物。它们不会
飞，却能在极寒、干燥的环
境中生存。图片显示的就是
它们的实际大小。

11

北极地区
专注于保暖

虽然看上去北极地区和南极地区一样，也是冰天雪地的世界，但实际上北极并不像南极那么寒冷，北极生活着更多的动物。

严寒的气候条件使得当地的动物居民练就了独特的生存本领。它们为了抵御严寒，有的储存了厚厚的皮下脂肪，有的则拥有厚实的皮毛。在冬季，很多北极动物都会长出白色的皮毛，这能帮助它们在雪地中躲过捕食者，或者方便它们在捕猎时更好地隐藏自己。

鸮（xiāo）通常都是夜行性动物，而**雪鸮**白天和夜晚都会出来捕猎。

海象待在海里和陆地上的时间几乎一样多。它们利用灵敏的胡须来寻找食物。

北极熊的体重可达 750 千克。它们的毛发没有颜色，只是在阳光的照射下显现为白色而已。北极熊毛发下面的皮肤却是黑色的！

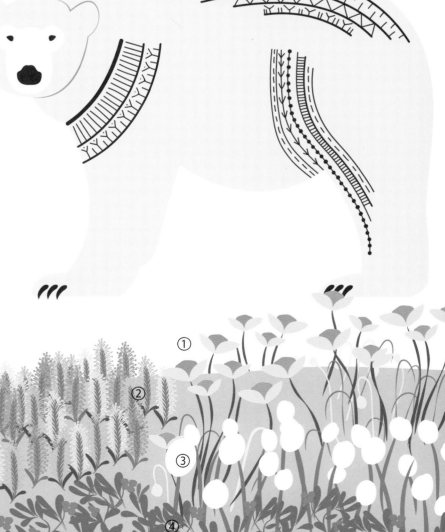

苔原

苔原是指由于气候过于寒冷而使树木无法生长的地区，那里的主要植物为苔藓或地衣。当夏季的阳光将冰冷的地面融化后，北极苔原会长出低矮而茂密的植物，如**北极罂粟**①、**北极柳**②、**羊胡子草**③、**熊果**④等，很多动物都喜欢以它们为食。

北极地松鼠在冬季会进入深度睡眠状态。

①
②
③
④

人们可以通过**驯鹿**鹿角的形状来识别其属于哪一种。这头是**皮尔里驯鹿**。

北极兔会挤在一起，通过抱团取暖的方式来度过寒冬。

北极狼是绝佳的游泳健将，能在海里狩猎。

鼬捕食旅鼠等动物。它们体形小巧，在旅鼠钻入洞穴企图逃跑时，能够紧跟其后。

北极狐有灵敏的嗅觉和听觉。它们一旦发现雪下有猎物的动静，就会高高地跳起，然后身子猛插到积雪中捕食。

旅鼠生活在有许多"房间"的洞穴聚居地。

13

大盆地沙漠
一个天然的"大盆子"

北美洲的大盆地沙漠里植物稀少，以耐旱灌木为主。它之所以被称为大盆地，是因为四周环绕的高原和山脉使其看上去很像一个盆子！

大盆地沙漠的平原部分覆盖着蒿，这是当地一些动物居民的主要食物来源。对于小型动物而言，这里还是绝佳的躲藏之地，能帮助它们躲避下山觅食的饥饿的美洲豹。

叉角羚是世界上速度第二快的陆地动物，仅次于猎豹。强健的腿帮助它们在平原上飞驰，逃过郊狼等捕食者的追捕。

艾草松鸡全年主要以蒿为食，并将蒿地作为栖息地。雄性艾草松鸡胸前有气囊，平时是瘪的，春天时会给气囊充气，并且通过跳舞来吸引雌性。

犹他州土拨鼠居住在洞穴里。它们一旦察觉到有捕食者靠近，就会发出叫声警告家人。

狐尾松古森林是大盆地沙漠的一部分，其中生长着许多古老的树木。这些树木能停止部分分枝和树干的生长，以减少自身对水分的需求。

当地有很多寿命很长的**狐尾松**，据说大约有 5000 岁了。为了避免被游人打扰，它们的具体位置是保密的。

花鼠沿着树木的枝杈窜来窜去，寻找食物。它们常常尽可能多地把植物的种子塞到两颊富有弹性的颊囊内，再运回家。

15

索诺拉沙漠
就像打开暖气一样

炎热的索诺拉沙漠里生长着多种带刺的仙人掌。仙人掌的花朵和果实吸引了各种昆虫、鸟等动物，它们依靠这些仙人掌才能生存。

吉拉啄木鸟会在巨人柱仙人掌上啄出一个个像靴子一样的洞，为雏鸟建造安全的巢。一旦幼鸟学会了飞翔，它们就会抛弃这个鸟巢。

这种仙人掌叫作**强刺球**，它们因形状而得名。

姬鸮想要产卵时，就会住进吉拉啄木鸟弃之不用的"靴子"里。它们是世界上最小的猫头鹰，成年个体体长只有 12～14 厘米。

巨人柱的主干长满尖刺，能让它们免遭动物的啃食。和其他仙人掌一样，它们也能开花并结出甜美的果实。

当**哈氏羚松鼠**感到热时，就会找一个阴凉处，平展身体来散热降温。如果实在找不到阴凉的地方，它们就用巨大的尾巴来为自己遮阳。

郊狼独自或成群捕猎，通过嚎叫沟通。它们的食谱有刺梨的果实、一些植物的花朵，以及**多色蝗虫**等昆虫，几乎什么都吃。

安氏蜂鸟
小巧但令人惊叹

安氏蜂鸟是索诺拉沙漠的乡土生物，和其他蜂鸟一样，它们都是出色的飞行员。
尽管体形小巧，但它们能在最具挑战性的沙漠环境中生存下来。

蜂鸟以 8 字形快速扇动翅膀，这使得它们能在空中上下左右地自由飞翔，甚至能像直升机般悬停在空中。

雄性安氏蜂鸟很容易被发现，这是因为它们头部和颈部的羽毛在阳光下能从绿色显现为粉色。

蜂鸟需要大量的能量，它们靠吸食花蜜来满足这一需求。它们每秒扇动翅膀可达 90 次，这样就能盘旋在半空中吸取花蜜而无须着陆。

飞行路线

当雄性蜂鸟想要向雌性表现自己时，就会上演俯冲秀：它们先冲向 35 米高的空中，然后向下俯冲，接着再次冲向高空。

A：一飞冲天和极速下降

B：绕着植物曲折飞行

C：绕着巨人柱旋转

A

B

C

舌尖风暴

蜂鸟有一种特殊的取蜜方式。它们的舌头非常长，起始自头部，向后卷曲，能从长长的喙里伸出来。舌头的末端还有分叉，使它们能以 2 倍的速度吸食花蜜。

奇瓦瓦沙漠和莫哈韦沙漠

咬紧牙关，化解危机

莫哈韦沙漠是北美洲最干燥的沙漠，年降雨量不足120毫米。只有真正的沙漠动物才能在如此炎热干燥的环境中生存。附近的奇瓦瓦沙漠是北美洲最大的热沙漠，同时也是很多动物和植物的家园。

多刺的**梨果仙人掌**深受又饥又渴的动物们的喜爱。锋利的尖刺很容易被去掉，叶片和果实美味又多汁。

领西猯（tuān）喜欢生活在大家庭中。它们不分昼夜地寻找食物，如多刺的梨果仙人掌的果实。

极端炎热的时候，**羚羊兔**会竖起大耳朵来散热。

走鹃跑得实在是太快了，以至于双脚不会因与地面长时间接触而变热。

20

蓬尾浣熊是优秀的攀爬高手。它们白天都在**约书亚树**（又名短叶丝兰）上的绿荫里睡觉。

当**巨角羊**和**骡鹿**感到口渴而附近没有水源时，它们就用蹄或角敲掉仙人掌的刺，这样就能吃到多汁的仙人掌了。

箭纹贝凤蝶把卵产在**美洲大叶马兜铃**上。它们的幼虫将植物的毒素储存在体内，这使得它们对于任何想吃掉它们的动物来说都是有毒的！

豆粉蝶藏在**扁轴木**的黄色花朵中，以躲避捕食者。

美洲大叶马兜铃也被称为大叶关木通，对大多数动物而言有毒，这是它们保护自己不被吃掉的方式。

夜行性动物
夜间的超能力

随着太阳落山，地面变得凉爽起来，整个白天都在躲避炎热的动物陆续出来活动。在太阳再次升起、气温重新升高之前，它们有许多事情要做。黑暗中，这些动物各自有独特的方式来觅食和躲避捕食者。

美洲雕鸮

更格卢鼠只在夜间出来寻找食物。它们不仅拥有极佳的听觉，而且可以跳到 2.75 米高的地方来逃离危险。

白条天蛾扇动翅膀的速度非常快。它们在夜间开放的花朵旁盘旋，吸食花蜜，看起来就像蜂鸟一样。

美洲狮喜欢住在能够提供庇护并且可以隔绝日间高温的洞穴中，它们会在黄昏和黎明时出来捕猎。

美洲雕鸮有一对柔软的翅膀，能够安静地飞行。它们会悄悄地接近蛇、老鼠和兔子等小动物。

长鼻蝙蝠用长长的舌头吸食沙漠花朵藏在深处的花蜜，例如**巨人柱**盛开的花朵。

豪猪身披又长又硬的体刺，这是它们躲过捕食的法宝。如果体形较大的动物攻击豪猪，长刺就会扎进捕猎者的皮肤。长刺上面有细小的倒刺，一旦扎入，就很难拔出来。

阿塔卡马沙漠

极其干燥

阿塔卡马沙漠被称为世界的"干极"，这里气候极其干燥，经常连续几年不降水。据气象记录，从1845年到1936年，这里没有丝毫降水。沙漠中的一些地区形成了盐湖，为了更容易地找到食物，阿塔卡马沙漠的野生动物大多在盐湖附近活动。

智利火烈鸟

安第斯火烈鸟

红鹳也被称为火烈鸟，它们的喙可以从水中过滤出藻类和小虾。从食物中吸收的色素让火烈鸟的羽毛显现出红色。这是**智利火烈鸟**和**安第斯火烈鸟**。

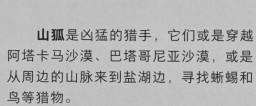

山狐是凶猛的猎手，它们或是穿越阿塔卡马沙漠、巴塔哥尼亚沙漠，或是从周边的山脉来到盐湖边，寻找蜥蜴和鸟等猎物。

山绒鼠是一种毛茸茸的啮齿动物，看起来就像是长着松鼠尾巴的兔子。它们会在黄昏和黎明的时候出去寻找可食用的植物，白天则喜欢待在岩石上晒日光浴。

安第斯山脉沿着阿塔卡马沙漠的边缘延伸。巨大的山脉形成了一道屏障，阻挡了湿润的风进入沙漠，从而造成沙漠降水量稀少。

骆马是羊驼的近亲。这种容易害羞的动物拥有极佳的听觉，柔软的皮毛能帮助身体保持温暖。它们通过喝盐水、进食所有可以找到的草来生存。

安第斯山猫的尾巴又粗又长。这条尾巴不仅能用来保暖，在陡峭的山坡上捕猎时，还能用来保持平衡。

沿海沙漠中有时会盛开**卧芹**和**伞花石薇花**等植物。

卧芹

伞花石薇花

巴塔哥尼亚沙漠

长路漫漫

阿根廷的安第斯山脉和大西洋之间是寒冷的巴塔哥尼亚沙漠，这是南美洲最南端的沙漠。

由于植被稀少，动物们很难找到合适的藏身之所。为了躲避捕食者，它们必须掌握飞速逃生的技能。

鹫不会筑造宜居的巢穴。它们把蛋产在高高的悬崖上，周围只有一些树枝作为保护。

安第斯神鹫拥有一身黑色天鹅绒般的羽毛，就像披着一件斗篷，头部的羽毛不多。雄性有肉冠，肉冠会随着情绪而变色。

为了寻找食物，它们会从阿塔卡马沙漠飞往巴塔哥尼亚沙漠。它们是食腐动物，喜欢吃已经死亡的动物。

雌性的瞳孔是红色的，没有肉冠。

巴塔哥尼亚沙漠

躲避捕食者

远离麻烦

为了躲避捕食者，巴塔哥尼亚沙漠中的动物们斗智斗勇，各有绝招。小型动物用爪子挖洞藏身；体形稍大的动物通常都长着长腿，用快速奔跑的方式来躲过一次次追捕。

美洲驼是骆驼的近亲。它们善于奔跑，喜欢大部队结伴出行。

小美洲驼是一种不会飞的大型鸟类。强壮的双腿能让它们以极快的速度奔跑，厚实的羽毛能让身体保持温暖。

穴小鸮是一种在洞穴中生活的小型猫头鹰。它们拥有强壮的腿，相比飞翔，它们更喜欢走路。厚厚的羽毛有助于保暖。

巴塔哥尼亚豚鼠是一种非常大的啮齿动物，长而有力的腿能帮助它们逃离捕食者。

穴小鸮

栉鼠

栉鼠是一种毛茸茸的小型啮齿动物，英文名 Tuco-tuco 是它们挖洞时发出的声音。它们的大部分时间都用于挖洞。

小犰狳是一种小型犰狳。它们有坚硬的板甲，一旦受到威胁，就会平趴在地上来保护柔软的腹部。

纳米布沙漠
海风带来的希望

位于非洲南部海岸的纳米布沙漠是世界上最古老的沙漠，已经存在了几千万年。从海洋吹来的风不仅塑造了高高的沙丘，还带来了微小的水滴。为了生存，生活在那里的很多动物和植物都找到了巧妙的方法来收集水分。

黑背胡狼以昆虫和变色龙为食。它们狐狸般的体色和周围的环境颜色接近，便于隐藏。

跳羚可以长期不喝水，它们从多汁的植物中获取身体所需的全部水分。

纳米比亚变色龙通过改变身体的颜色来帮助控制体温。在气温较低的早晨，它们的体色变深，能更有效地吸收阳光中的热量；到了炎热的中午，体色就变成白色，来反射强烈的太阳光照。

口渴的动物会舔掉岩石上的水滴，这些小水滴是来自沙漠中的雾气。

由于没有充足的水分，这些**麟刺金合欢**在几百年前就已经枯死。在干燥的气候条件下，死去的树木得到了很好的保存，并且在烈日灼灼下变成了黑色。

长角羚可以在缺水的情况下生存数周。白色的腹部能反射来自地面的热量，从而帮助它们保持凉爽。

麟刺金合欢

轮蜘蛛遇到天敌时，能将腿折成轮状结构，沿着沙丘快速移动，然后潜入沙子中躲藏。

拟步行虫抬起身体是为了收集落到背部隆起处的雾气。雾气中的小水滴集中在一起，形成水滴，就滑落到了它的嘴里。

百岁兰从空气中的雾气和地面的露水获取水分。羚羊喜欢吃茎的柔软部分来获取里面的水分。

卡拉哈迪沙漠

饥饿游戏

卡拉哈迪沙漠跨越纳米比亚、博茨瓦纳和南非。不同于其他沙漠，这里偶尔会有降雨。

雨水过后，有些地方会形成水坑，吸引了各种动物前来补给水分和休憩，其中包括一些凶猛的大家伙。为了生存，捕食者需要静静地等待机会，被捕食者则必须时刻保持警惕。

豹擅长爬树，炎热的日子里，它们趴在树上休息乘凉。

相比其他狮子，**卡拉哈迪狮**拥有更大的爪子和更苗条的身体。它们的耐力惊人，不仅能长途跋涉，而且在没有水的情况下能生存两周。

猎豹是世界上短距离奔跑速度最快的陆地动物。只需一口，它们就能杀死如野兔一般的小动物。

非洲象可以用脚感知来自远方的雨水。当它造访过一个水坑后，往往会永远记住抵达那里的最短路线。

黑犀牛是世界上仅存的五种犀牛之一。它们用角来保护自己。

斑纹角马是猎豹、狮子等凶猛猎食者的可靠食物来源。为了活命，它们会跺着地、成群结队地快速奔跑。

斑马属于群居动物，它们组成群体来觅食、栖息。如果一位成员遭到攻击，斑马家族会赶来把受伤的成员围到中央，并尝试驱赶捕食者。

斑纹角马

金合欢树

树梢上的热闹街区

在非洲大陆的很多地方都能看到金合欢树，它们高大健壮，枝叶繁茂，是沙漠中的野生动物绝佳的遮阴避凉之地。

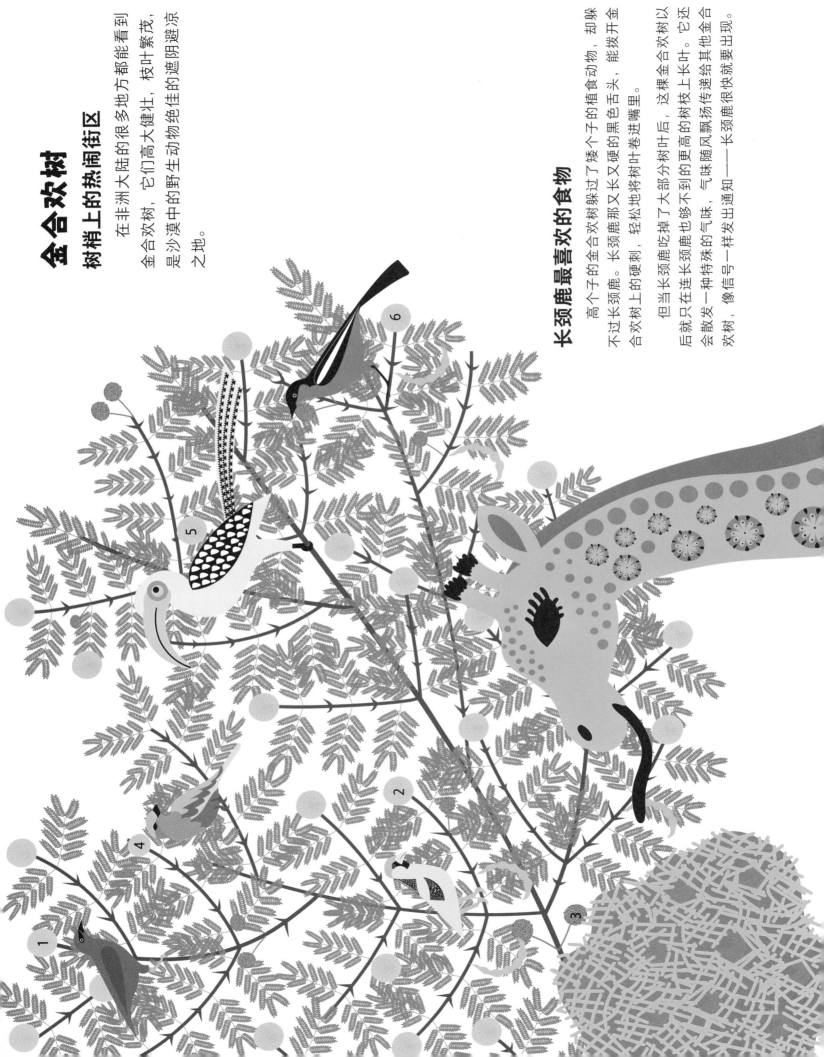

长颈鹿最喜欢的食物

高个子的金合欢树躲过了矮个子的植食动物，却躲不过长颈鹿。长颈鹿那又长又硬的黑色舌头，能拨开金合欢树上的硬刺，轻松地将树叶卷进嘴里。

但当长颈鹿吃掉了大部分树叶后，这棵金合欢树也够不到的更高的树枝上长叶。它还后就会散发一种特殊的气味，气味随风飘扬传给其他金合欢树，像信号一样发出通知——长颈鹿很快就要出现。

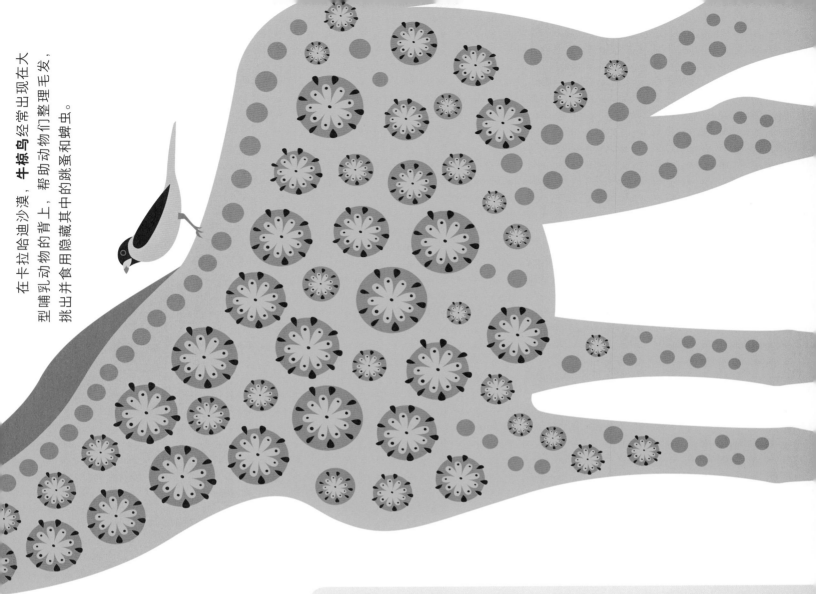

在卡拉哈迪沙漠，**牛椋鸟**经常出现在大型哺乳动物的背上，帮助动物们整理毛发，挑出并食用隐藏其中的跳蚤和蜱虫。

鸟类之城

金合欢树的枝叶繁茂，很多鸟儿喜欢在其中栖身。它们有的在树枝上筑巢安家，有些则在枝间隙过来歇息。

非洲丽椋鸟①在金合欢上建立小型社区，共同抚养后代。这种合作行为意味着父母们可以轮流外出寻找食物。

群织雀②善于交际，共同筑造巨大的**鸟巢③**，每个家庭都有自己的单元房。这种大型复合社区巢可容纳多达 300 只鸟。

紫胸佛法僧④喜欢在猴面包树的空洞里筑巢。在寻找昆虫时，它们喜欢在金合欢树上歇息。

南黄弯嘴犀鸟⑤为了避开较大的捕食者，选择在最高的树枝上睡觉。

红胸黑伯劳⑥整天都在树下的地上走来走去，寻找可以吃的蚂蚁等昆虫。

沙漠柚木生长在塔尔沙漠中。它们美丽的橙红色花朵经常被路过的骆驼吃掉。

为了吸引雌孔雀的注意，雄蓝孔雀会展示自己美丽的羽毛。需要吓跑捕食者时，它们同样会这么做——这使得它们看起来体形更大、更强壮。

印度棘尾蜥是一种生活在塔尔沙漠的大型蜥蜴。由于肥美、多刺的尾巴能作为一顿美味佳肴，所以它们成为许多动物捕食的对象。

野生双峰驼
沙漠之舟

一旦说起骆驼，你或许就会想到炎热的沙漠。可实际上，野生双峰驼生活在亚洲较冷的沙漠中。为了应对寒冷的冬季和较热的夏季，双峰驼会在冬季长出厚实的毛，然后在夏季脱落。

根据驼峰数目，骆驼分为双峰驼和单峰驼。亚洲的沙漠里还有极少数的**野生双峰驼**，它们正面临灭绝的危险。野生双峰驼比驯化的双峰驼体形小，驼峰也更小。

骆驼的体形对比

单峰驼　　　　　　双峰驼　　　　　　野生双峰驼

生活在炎热的撒哈拉沙漠　　　　　生活在寒冷的亚洲沙漠
和阿拉伯沙漠

完美的防护"装备"

　　骆驼经过数百万年的进化，已经完全适应了沙漠环境，能应付高温、风沙大、缺水等恶劣的生存条件。几个世纪以来，它们都在默默地帮助人类穿越非洲和亚洲的沙漠。

三层眼睑和两排眼睫毛能抵挡沙尘和清洁眼球。

两耳活动灵活，耳郭内的短毛十分发达，能有效防止沙尘侵入。

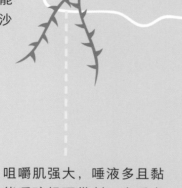

鼻孔狭长，能自由关闭，阻止沙子吸入鼻腔。

咀嚼肌强大，唾液多且黏稠，能嚼碎粗硬带刺、木质多的植物。

特殊的毛皮能够帮助它们在炎热的环境中保持凉爽，在寒冷的环境中维持体温。

喝得最快的豪饮者

　　一头极度口渴的骆驼能够在 15 分钟之内喝光满满一个浴缸的水。

戈壁
任由动物驰骋的家园

戈壁位于中国和蒙古国之间，那里生长着稀疏的耐碱草类和灌木等植物。戈壁的冬天十分寒冷，夏季则非常炎热，即使是能够在极端环境下生存的动物，在那里生活也显得十分艰难。

大型猛禽**玉带海雕**将沼泽地作为繁殖地。

每当缺水的时候，**野生双峰驼**就会食用冰雪。

普氏野马头大脖子粗，在野外以小家庭为单位生活。它们利用声音、气味和身体姿势进行交流。

雪豹栖息在高山峻岭中，布满全身的黑斑点和黑环能帮助它们更好地伪装隐藏。雪豹行动灵巧，善于跳跃，常采取伏击或偷袭的方法捕食猎物。

为了保护濒危物种，人们在戈壁的一些区域设立了自然保护区。在保护区，动物可以远离人类的狩猎，也不再受人类的干扰。

赛加羚羊的鼻子很大、向下弯曲，鼻孔长在最尖端，所以又被称为高鼻羚羊。这样的鼻子有助于在干燥的夏季过滤灰尘。

戈壁熊的现存数量只有几十头，极度濒危。它们生活在蒙古国大戈壁保护区，在那里可以吃喜爱的矮大黄等植物。

澳大利亚的沙漠
全部在内陆

澳大利亚的沙漠广泛分布在中部和西部地区，其中的大型沙漠有大沙沙漠、吉布森沙漠、维多利亚大沙漠、辛普森沙漠和塔纳米沙漠。在澳大利亚沙漠的一些地区，你可以看到大型砂岩巨石，假如你在沙漠里迷了路，它能为你指引方向。

小袋鼠和袋鼠都是有袋动物，其中**红大袋鼠**是现存最大的有袋动物。红大袋鼠一次跳跃的距离可达 9 米，这有助于它们在沙漠中长途跋涉，寻找食物。

鸸鹋的脖子很长，因此它们的视线能越过高高的植物，尽早发现捕食者的踪迹。

尖峰石阵

只有雌性袋鼠的腹部拥有育儿袋。

眼斑巨蜥是澳大利亚最大的蜥蜴，可以长到 2.5 米长。因为它们能用强壮有力的前腿和爪子挖洞，所以能很好地隐藏自己。

48

粉红凤头鹦鹉的头部和胸部都是亮粉色的，很容易被发现。它们喜欢生活在澳大利亚沙漠中的**桉树**上，会沿着树枝跳舞，以此吸引伴侣的注意。

卡塔丘塔巨石阵

乌卢鲁，也被称为艾尔斯岩

袋狸会在带刺的**鬣刺**丛中挖出长长的隧道，以躲避炎热和捕食者。

澳洲野犬的食谱丰富，它们除了猎食兔子、蜥蜴和鸟等小型动物，有时还捕猎袋鼠等大型动物。

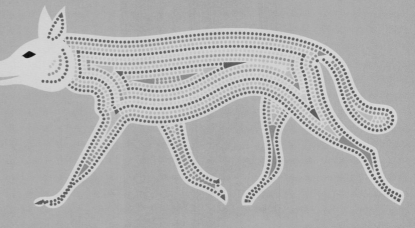

黑足岩袋鼠是一种胆小的岩袋鼠。它们白天藏在岩石洞穴中躲避炎热，到了晚上才出来活动。

泽穴蟾一生中的大部分时间都待在地下。它们只在下雨的时候才出来，而这里下雨并不常见！

有毒的动物
沙漠中的危险

有些沙漠动物是有毒的，例如蛇、蝎子、蜘蛛等。它们的毒液被储存在毒液囊里，通过咬或蜇等方式把毒液注进对方体内，用这样的方法来攻击猎物，或者保护自己免遭捕食者的伤害。

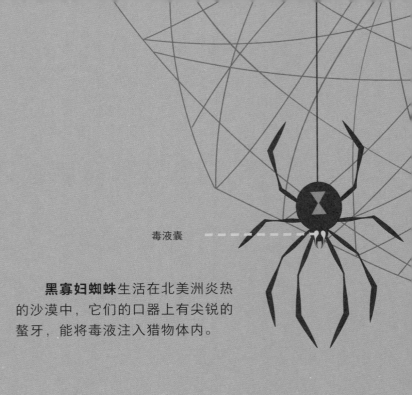

毒液囊

黑寡妇蜘蛛生活在北美洲炎热的沙漠中，它们的口器上有尖锐的螯牙，能将毒液注入猎物体内。

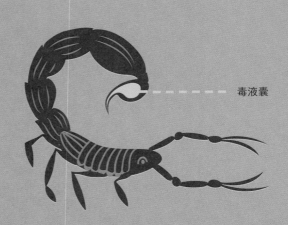

毒液囊

以色列金蝎的毒性很强，在撒哈拉沙漠和阿拉伯沙漠都能发现它们的踪迹。它们的尾巴上有毒液囊。

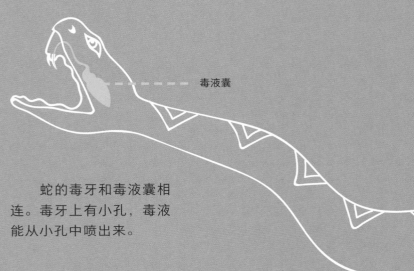

毒液囊

蛇的毒牙和毒液囊相连。毒牙上有小孔，毒液能从小孔中喷出来。

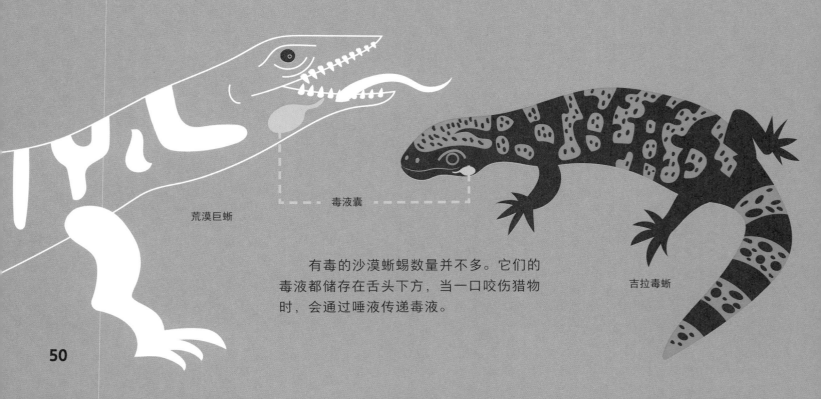

毒液囊

荒漠巨蜥

吉拉毒蜥

有毒的沙漠蜥蜴数量并不多。它们的毒液都储存在舌头下方，当一口咬伤猎物时，会通过唾液传递毒液。

沙漠蛇

全身长满了鳞片

蛇和蜥蜴一样，都是变温动物。它们生活在除两极之外的所有沙漠中，但是最常见于热沙漠地区。生活在热沙漠的蛇和蜥蜴，会在地面相对凉爽的夜间外出活动。

角蝰生活在撒哈拉沙漠和阿拉伯沙漠中。它们可以将身体埋在沙土中，以便伏击猎物，移动时会在身后留下波浪形痕迹。它们的毒液的毒性很强。

角蝰
体长30～60厘米

西部菱背响尾蛇分布在炎热的美洲沙漠。它们的尾巴颤动时能发出响声，以此警告敌人。它们不仅可以快速进攻，还可以跳跃一段很长的距离。

西部菱背响尾蛇
体长120厘米左右

锯鳞蝰
体长50厘米左右

锯鳞蝰生活在非洲和中东。它们休息时，会把身体蜷曲成 U 形。它们如果要发出警告，会摩擦鳞片来发出嘶嘶的声响。

太攀蛇生活在澳大利亚的沙漠中，可以在岩石地区找到它们的踪迹。太攀蛇的毒液具有致命性，被咬的人如果不被救治，最快 30 分钟就会死亡。

太攀蛇
体长180厘米左右

沙漠民间艺术

人工图案

  为了在艰苦的环境中生存下来，生活在沙漠及周围地区的人类有时会采取游牧的生活方式。他们从一个地方迁徙到另一个地方，寻找足够的水源、食物和安定的庇护所，主要依靠自然的供给满足生活所需。本书中插画的灵感，就来自沙漠地区民间艺术中的色彩和图案。

几何图案

  许多美洲土著艺术家在传统上使用几何形状来创造图案。这些图案经常出现在织物或篮子上。

爱波瑞吉

  被称为爱波瑞吉（Alebrijes）的雕塑是墨西哥民间手工艺术的一部分。它们被做成木雕或纸塑，以夸张的特征和大胆且富有想象力的色彩著称。

因纽特图案

生活在北极和附近地区的因纽特人用线条创造图案。这些图案常用于装饰针织品、雕刻品和绘画艺术品。

花卉图案

中东地区的沙漠居民，创作出的图案往往受到大自然的启发。他们的织物上有叶片、曲线、花朵等元素。

非洲图案

非洲部落使用珠子和木雕制作饰品，用重复的线条、圆圈和点进行装饰。

澳大利亚图案

澳大利亚土著艺术家会在物品上绘制或雕刻由圆点和圆圈组成的图案，这些图案通常代表人与自然之间的关系。

名词解释

濒危物种： 现生物种遭受各种直接或间接因素的威胁，种群数已很少且处于危亡状态的物种。

捕食者： 捕食其他动物的动物。

赤道： 通过地心，垂直于地轴的平面与地球表面的交线。赤道将地球分为南北两个半球。

毒液： 蛇、蜘蛛和蝎子等动物体内分泌的有毒物质，通过咬或蜇等方式注入其他动物体内。

猎物： 被其他动物捕食的动物。

灭绝： 生物的物种或更高的分类群全部消亡，不留下任何后代的现象。

爬行动物： 真正适应陆地环境的脊椎动物。体表覆盖角质的鳞片或甲，用肺呼吸，在陆地上产卵，卵表面有坚韧的卵壳。

迁徙： 动物依季节不同而变更栖居地区的习性。

乡土生物： 自然分布在某个特定地区的植物或动物。

夜行性动物： 在夜间活动与进食的动物。

蒸发： 在液体表面发生的汽化现象。

索引

图书在版编目（CIP）数据

穿越沙漠 /（英）瓦西里基·佐玛卡著；马楠译.
北京：中国友谊出版公司，2024. 10. -- ISBN 978-7
-5057-5965-7

Ⅰ. Q958.44-49；Q948.44-49
中国国家版本馆CIP数据核字第2024UC0745号

著作权合同登记号 图字：01-2024-3510
审图号：GS京（2024）1409号

Published by arrangement with Thames & Hudson Ltd, London
Hoot and Howl across the Desert © 2020 Vassiliki Tzomaka
Consultancy by Barbara Taylor

This edition first published in China in 2024 by Ginkgo(Shanghai) Book Co., Ltd Shanghai
Chinese edition © 2024 Ginkgo (Shanghai) Book Co., Ltd

书名	穿越沙漠
著者	[英] 瓦西里基·佐玛卡
译者	马楠
出版	中国友谊出版公司
发行	中国友谊出版公司
经销	新华书店
印刷	北京利丰雅高长城印刷有限公司
规格	635毫米×965毫米　　8开
	8印张　　100千字
版次	2024年10月第1版
印次	2024年10月第1次印刷
书号	ISBN 978-7-5057-5965-7
定价	78.00元
地址	北京市朝阳区西坝河南里17号楼
邮编	100028
电话	（010）64678009